SUKEN NOTEBOOK

チャート式
基礎からの　数学II

完成ノート

【微分法と積分法】

本書は，数研出版発行の参考書「チャート式 基礎からの　数学 II」の
第 6 章「微分法」，　第 7 章「積分法」
の例題と練習の全問を掲載した，書き込み式ノートです。
本書を仕上げていくことで，自然に実力を身につけることができます。

目　次

第６章　微分法

第７章　積分法

221101

３４．微分係数と導関数

基本 例題 195

□ 解説動画

関数 $f(x)=x^2-x$ について，次のものを求めよ。

(1)　$x=1$ から $x=1+h$ $(h \fallingdotseq 0)$ まで変化するときの平均変化率

(2)　$x=1$ における微分係数

(3)　曲線 $y=f(x)$ 上の点 $\mathrm{A}(t,\ f(t))$ における接線の傾きが -1 となるとき，t の値

練習 (基本) **195**　関数 $y=3x^2-5x$ について，次のものを求めよ。

(1)　$x=3$ から $x=7$ まで変化するときの平均変化率

(2)　$x=2$ から $x=2+h$ $(h \fallingdotseq 0)$ まで変化するときの平均変化率

(3)　$x=2$ における微分係数

(4)　放物線 $y=3x^2-5x$ の $x=c$ における接線の傾きが，(1) で求めた平均変化率の値に等しいとき，c の値

重 要 例題 196

解説動画

次の極限値を求めよ。

(1)　$\lim_{x \to 2}(x^2-3x+4)$

(2)　$\lim_{x \to 1}\dfrac{x^2-1}{x-1}$

(3)　$\lim_{x \to 1}\dfrac{\sqrt{x}-1}{x-1}$

練習 (重要) **196**　次の極限値を求めよ。

(1)　$\lim_{x \to -1} (x^3 - 2x + 3)$

(2)　$\lim_{x \to 3} \frac{x^2 - x - 6}{x^2 + x - 12}$

(3)　$\lim_{x \to 0} \frac{2}{x}\left(\frac{1}{x-1} + 1\right)$

(4)　$\lim_{x \to 1} \frac{\sqrt{x+8} - 3}{x-1}$

重要 例題 197 □ 

(1) 等式 $\lim_{x \to 1} \frac{x^2+ax+b}{x-1}=3$ を満たす定数 a，b の値を求めよ。

(2) $\lim_{h \to 0} \frac{f(a-3h)-f(a)}{h}$ を $f'(a)$ を用いて表せ。

練習 (重要) **197**　(1)　等式 $\lim_{x \to 3} \frac{ax^2+bx+3}{x^2-2x-3} = \frac{5}{4}$ を満たす定数 a，b の値を求めよ。

(2)　$\lim_{h \to 0} \frac{f(a+2h)-f(a-h)}{h}$ を $f'(a)$ を用いて表せ。

基本 例題 198

□ 解説動画

次の関数を微分せよ。ただし，(1)，(2) は導関数の定義に従って微分せよ。

(1)　$y=x^2+4x$

(2)　$y=\dfrac{1}{x}$

(3)　$y=4x^3-x^2-3x+5$

(4)　$y=-3x^4+2x^3-5x^2+7$

練習 (基本) **198**　次の関数を微分せよ。ただし，(1)，(2) は導関数の定義に従って微分せよ。

(1)　$y=x^2-3x+1$

(2)　$y=\sqrt{x}$

(3)　$y=-x^3+5x^2-2x+1$

(4)　$y=2x^4-3x^2+7x-9$

基本 例題 199

□ 

次の関数を微分せよ。

(1) $y=(x+1)(x^2-3)$

(2) $y=(2x+1)^3$

(3) $y=(x^2-2x+3)^2$

(4) $y=(4x-3)^2(2x+3)$

練習 (基本) **199**　次の関数を微分せよ。

(1)　$y=(x-1)(2x+3)$

(2)　$y=(x-1)(x^2+x-4)$

(3)　$y=(-2x+1)^3$

(4)　$y=(x^3-2x)^2$

(5)　$y=(3x+2)^2(x-1)$

基本 例題 200

□ 解説動画

(1) 関数 $f(x)=2x^3+3x^2-8x$ について，$x=-2$ における微分係数を求めよ。

(2) 2 次関数 $f(x)$ が次の条件を満たすとき，$f(x)$ を求めよ。

$$f(1)=-3,\quad f'(1)=-1,\quad f'(0)=3$$

(3) 2 次関数 $f(x)=x^2+ax+b$ が $2f(x)=(x+1)f'(x)+6$ を満たすとき，定数 a，b の値を求めよ。

練習 (基本) **200**　(1)　関数 $y=2x^3-3x^2-12x+5$ の $x=1$ における微分係数を求めよ。

(2)　$f(x)$ は3次の多項式で，x^3 の係数が1，$f(1)=2$，$f(-1)=-2$，$f'(-1)=0$ である。このとき，$f(x)$ を求めよ。

(3)　3次関数 $f(x)=2x^3+ax^2+bx+c$ が $6f(x)=(2x-1)f'(x)+6$ を満たす。このとき，定数 a，b，c の値を求めよ。

重 要 例題 201 □ 

x についての多項式 $f(x)$ を $(x-a)^2$ で割ったときの余りを，a，$f(a)$，$f'(a)$ を用いて表せ。

練習 (重要) **201**　x についての多項式 $f(x)$ について，$f(3)=2$，$f'(3)=1$ であるとき，$f(x)$ を $(x-3)^2$ で割ったときの余りを求めよ。

基本 例題 202 □ 

(1)　地上から真上に初速度 49 m/s で投げ上げられた物体の t 秒後の高さ h は $h=49t-4.9t^2$ (m) で与えられる。この運動について次のものを求めよ。ただし，v m/s は秒速 v m を意味する。

(ア)　1 秒後から 2 秒後までの平均の速さ

(イ)　2 秒後の瞬間の速さ

(2)　半径 10 cm の球がある。毎秒 1 cm の割合で球の半径が大きくなっていくとき，球の体積の 5 秒後における変化率を求めよ。

練習 (基本) **202**　(1)　地上から真上に初速度 29.4 m/s で投げ上げられた物体の t 秒後の高さ h は，$h=29.4t-4.9t^2$ (m) で与えられる。この運動について，3 秒後の瞬間の速さを求めよ。

(2)　球の半径が 1 m から毎秒 10 cm の割合で大きくなるとき，30 秒後における球の表面積の変化率を求めよ。

重要 例題 203 □ 

x の多項式 $f(x)$ が常に $(x-3)f'(x)=2f(x)-6$ を満たし，$f(0)=0$ であるとする。

(1) $f(x)$ は何次の多項式であるか。

(2) $f(x)$ を求めよ。

練習 (重要) **203**　x の多項式 $f(x)$ の最高次の項の係数は1で，$(x-1)f'(x)=2f(x)+8$ という関係が常に成り立つ。

(1)　$f(x)$ は何次の多項式であるか。

(2)　$f(x)$ を求めよ。

35. 接　　線

基本 例題 204

□ 

(1)　曲線 $y=x^3$ 上の点 $(2,\ 8)$ における接線の方程式を求めよ。

(2)　曲線 $y=-x^3+x$ に接し，傾きが -2 である直線の方程式を求めよ。

練習 (基本) **204**　(1)　曲線 $y=x^3-x^2-2x$ 上の点 $(3,\ 12)$ における接線の方程式を求めよ。

(2) 曲線 $y=x^3+3x^2$ に接し，傾きが 9 である直線の方程式を求めよ。

基本 例題 205

□ 

点 $(2,\ -2)$ から，曲線 $y=\frac{1}{3}x^3-x$ に引いた接線の方程式を求めよ。

練習 (基本) **205** (1) 点 (3, 4) から，放物線 $y=-x^2+4x-3$ に引いた接線の方程式を求めよ。

(2) 点 (2, 4) を通り，曲線 $y=x^3-3x+2$ に接する直線の方程式を求めよ。

基本 例題 206

□ 解説動画

曲線 $y=\frac{2}{9}x^3-\frac{5}{3}x$ について，次のものを求めよ。

(1)　曲線上の点 $\left(2,\ -\frac{14}{9}\right)$ における法線の方程式

(2)　(1) で求めた法線と曲線の共有点のうち，点 $\left(2,\ -\frac{14}{9}\right)$ 以外の点の座標

練習 (基本) **206**　曲線 $y=x^3-3x^2+2x+1$ について，次のものを求めよ。

(1)　曲線上の点 (1，1) における法線の方程式

(2)　(1) で求めた法線と曲線の共有点のうち，点 (1，1) 以外の点の座標

基本 例題 207

□ 

2 つの放物線 $y=-x^2$，$y=x^2-2x+5$ の共通接線の方程式を求めよ。

練習 (基本) **207**　2 つの放物線 $y=x^2$ と $y=-(x-3)^2+4$ の共通接線の方程式を求めよ。

重 要 例題 208 □ 

2 曲線 $y=x^3-2x+1$ と $y=x^2+2ax+1$ が接するとき，定数 a の値を求めよ。また，その接点における共通の接線の方程式を求めよ。

練習 (重要) **208**　(1)　2 曲線 $y=x^3+ax$ と $y=bx^2+c$ がともに点 $(-1,\ 0)$ を通り，この点で共通な接線をもつとき，定数 a，b，c の値を求めよ。また，その接点における共通の接線の方程式を求めよ。

(2)　2 曲線 $y=x^3-x^2-12x-1$，$y=-x^3+2x^2+a$ が接するとき，定数 a の値を求めよ。また，その接点における接線の方程式を求めよ。

３６．関数の増減と極大・極小

基本 例題 209

□ 解説動画

次の関数の増減を調べよ。また，極値を求めよ。

(1)　$y=x^3+3x^2-9x$

(2)　$y=-\frac{1}{3}x^3+x^2-x+2$

練習 (基本) **209**　次の関数の増減を調べよ。また，極値を求めよ。

(1)　$y=x^3+2x^2+x+1$

(2)　$y=6x^2-x^3$

(3)　$y=x^3-12x^2+48x+5$

基本 例題 210

□ 

次の関数のグラフをかけ。

(1) $y=-x^3+6x^2-9x+2$

(2) $y=\frac{1}{3}x^3+x^2+x+3$

練習 (基本) **210**　次の関数のグラフをかけ。

(1)　$y=2x^3-6x-4$

(2)　$y=\frac{2}{3}x^3+2x^2+2x-6$

基本 例題 211

□ 

次の関数の極値を求め，そのグラフの概形をかけ。

(1)　$y=3x^4-16x^3+18x^2+5$

(2)　$y=x^4-8x^3+18x^2-11$

練習 (基本) **211**　次の関数の極値を求め，そのグラフの概形をかけ。

(1)　$y=x^4-8x^2+7$

(2)　$y=x^4-4x^3+1$

基本 例題 212

関数 $y=|x^3-x^2|$ のグラフをかけ。

練習 (基本) **212**　関数 $y=|-x^3+9x|$ のグラフをかけ。

基本 例題 213 □ 

3 次関数 $f(x)=ax^3+bx^2+cx+d$ が $x=0$ で極大値 2 をとり，$x=2$ で極小値 -6 をとるとき，定数 a，b，c，d の値を求めよ。

練習 (基本) **213**　3 次関数 $f(x)=ax^3+bx^2+cx+d$ は $x=1$，$x=3$ で極値をとるという。また，その極大値は 2 で，極小値は -2 であるという。このとき，この条件を満たす関数 $f(x)$ をすべて求めよ。

基本 例題 214

□ 解説動画

(1) 関数 $f(x)=x^3-6x^2+6ax$ が極大値と極小値をもつような定数 a の値の範囲を求めよ。

(2) 関数 $f(x)=x^3+ax^2+x+1$ が極値をもたないための必要十分条件を求めよ。ただし，a は定数とする。

練習 (基本) **214** (1) 関数 $f(x)=x^3+ax^2+(3a-6)x+5$ が極値をもつような定数 a の値の範囲を求めよ。

(2) 関数 $f(x)=4x^3-3(2a+1)x^2+6ax$ が極大値と極小値をもつとき，定数 a が満たすべき条件を求めよ。

(3) 関数 $f(x)=2x^3+ax^2+ax+1$ が常に単調に増加するような定数 a の値の範囲を求めよ。

重 要 例題 215

□ 

$f(x)=x^3-9x^2+15x+7$ とする。

(1) 関数 $y=f(x)$ は $x=\alpha$ で極大値，$x=\beta$ で極小値をとる。2 点 $(\alpha,\ f(\alpha))$，$(\beta,\ f(\beta))$ を結ぶ線分の中点 M は曲線 $y=f(x)$ 上にあることを示せ。

(2) 曲線 $y=f(x)$ は，点 M に関して対称であることを示せ。

練習 (重要) **215**　$f(x)=-x^3-3x^2+4$ とする。

(1)　関数 $y=f(x)$ は $x=\alpha$ で極大値，$x=\beta$ で極小値をとる。2 点 $(\alpha,\ f(\alpha))$，$(\beta,\ f(\beta))$ を結ぶ線分の中点 M は曲線 $y=f(x)$ 上にあることを示せ。

(2)　曲線 $y=f(x)$ は，点 M に関して対称であることを示せ。

基本 例題 216

□ 解説動画

a は定数とする。$f(x)=x^3+ax^2+ax+1$ が $x=\alpha$，β $(\alpha<\beta)$ で極値をとるとき，

$f(\alpha)+f(\beta)=2$ ならば $a=$ $\boxed{}$ である。

練習 (基本) **216**　関数 $f(x)=2x^3+ax^2+(a-4)x+2$ の極大値と極小値の和が 6 であるとき，定数 a の値を求めよ。

重 要 例題 217 □ 

関数 $f(x)=x^3-6x^2+3ax-4$ の極大値と極小値の差が 4 となるとき，定数 a の値を求めよ。

練習 (重要) **217**　関数 $f(x)=x^3+ax^2+bx+c$ が $x=\alpha$ で極大値，$x=\beta$ で極小値をとるとき，$f(\alpha)-f(\beta)=\frac{1}{2}(\beta-\alpha)^3$ となることを示せ。

重要 例題 218

□ 解説動画

関数 $f(x)=x^4-8x^3+18kx^2$ が極大値をもたないとき，定数 k の値の範囲を求めよ。

練習 (重要) **218**　$f(x)=x^4+4x^3+ax^2$ について，次の条件を満たす定数 a の値の範囲を求めよ。

(1)　ただ 1 つの極値をもつ。

(2)　極大値と極小値をもつ。

３７. 最大値・最小値，方程式・不等式

基本 例題 219

□ 

次の関数の最大値と最小値を求めよ。また，そのときの x の値を求めよ。

(1) $y=x^3-6x^2+10$ $(-2\leqq x\leqq 3)$

(2) $y=3x^4-4x^3-12x^2$ $(-1\leqq x\leqq 3)$

練習 (基本) **219**　次の関数の最大値と最小値を求めよ。また，そのときの x の値を求めよ。

(1)　$y=-x^3+12x+15\ (-3 \leqq x \leqq 5)$

(2)　$y=-x^4+4x^3+12x^2-32x\ (-2 \leqq x \leqq 4)$

重 要 例題 220 □ 

関数 $y=x^3-6x^2+3x+2$ $(-1\leqq x\leqq 6)$ の最大値と最小値を求めよ。また，そのときの x の値を求めよ。

練習 (重要) **220**　関数 $y=-2x^3-3x^2+6x+9$ $(-2 \leqq x \leqq 2)$ の最大値と最小値を求めよ。また，そのときの x の値を求めよ。

基本 例題 221

□ 

半径 a の球に内接する円柱の体積の最大値を求めよ。また，そのときの円柱の高さを求めよ。

練習（基本）**221**　半径１の球に内接する直円錐で，その側面積が最大になるものに対し，その高さ，底面の半径，および側面積を求めよ。

基本 例題 222

□ 

$0<a<3$ とする。関数 $f(x)=2x^3-3ax^2+b$ $(0\leqq x\leqq 3)$ の最大値が 10，最小値が -18 のとき，定数 a，b の値を求めよ。

練習 (基本) **222**　a，b は定数とし，$0<a<1$ とする。関数 $f(x)=x^3+3ax^2+b$ $(-2\leqq x\leqq 1)$ の最大値が 1，最小値が -5 となるような a，b の値を求めよ。

基本 例題 223

□ 

a を正の定数とする。3 次関数 $f(x)=x^3-2ax^2+a^2x$ の $0 \leqq x \leqq 1$ における最大値 $M(a)$ を求めよ。

練習 (基本) **223**　a は正の定数とする。関数 $f(x)=-\dfrac{x^3}{3}+\dfrac{3}{2}ax^2-2a^2x+a^3$ の区間 $0 \leqq x \leqq 2$ における最小値 $m(a)$ を求めよ。

重要 例題 224 □ 

$f(x)=x^3-6x^2+9x$ とする。区間 $a \leqq x \leqq a+1$ における $f(x)$ の最大値 $M(a)$ を求めよ。

練習 (重要) **224**　$f(x)=x^3-3x^2-9x$ とする。区間 $t \leqq x \leqq t+2$ における $f(x)$ の最小値 $m(t)$ を求めよ。

基本 例題 225

□ 

$0 \leqq x < 2\pi$ のとき，関数 $y = 2\cos 2x \sin x + 6\cos^2 x + 7\sin x$ の最大値と最小値を求めよ。また，そのときの x の値を求めよ。

練習 (基本) **225**　$0 \leqq x \leqq \frac{3}{4}\pi$ のとき，関数 $y=2\sin^2 x\cos x-\cos x\cos 2x+6\cos x$ の最大値，最小値とそのときの x の値を求めよ。

基本 例題 226

(1) 関数 $y=8^x-3\cdot 2^x$ の最小値と，そのときの x の値を求めよ。

(2) 関数 $y=\log_3 x+2\log_3(6-x)$ の最大値と，そのときの x の値を求めよ。

練習 (基本) **226**　(1)　関数 $y=27^x-9^{x+1}+5\cdot3^{x+1}-2$ $(x>1)$ の最小値と，そのときの x の値を求めよ。

(2)　関数 $y=\log_4(x+2)+\log_2(1-x)$ の最大値と，そのときの x の値を求めよ。

基本 例題 227

(1) 方程式 $2x^3-6x+3=0$ の異なる実数解の個数を求めよ。

(2) a は実数の定数とする。方程式 $2x^3-6x+3-a=0$ の異なる実数解の個数を調べよ。

練習 (基本) **227**　k は実数の定数とする。方程式 $2x^3-12x^2+18x+k=0$ の異なる実数解の個数を調べよ。

基本 例題 228

□ 

3 次方程式 $x^3-3a^2x+4a=0$ が異なる 3 個の実数解をもつとき，定数 a の値の範囲を求めよ。

練習 (基本) **228**　3 次方程式 $x^3+3ax^2+3ax+a^3=0$ が異なる 3 個の実数解をもつとき，定数 a の値の範囲を求めよ。

基本 例題 229

□ 解説動画

次の不等式が成り立つことを証明せよ。

(1) $x>2$ のとき $x^3+16>12x$

(2) $x>0$ のとき $x^4-16 \geqq 32(x-2)$

練習 (基本) **229**　次の不等式が成り立つことを証明せよ。

(1)　$x>1$ のとき　$x^3+3>3x$

(2)　$3x^4+1 \geqq 4x^3$

３８．関連発展問題

演 習 例題 230 □ 

x, y, z は $x+y+z=0$, $x^2+x-1=yz$ を満たす実数とする。

(1) x のとりうる値の範囲を求めよ。

(2) $P=x^3+y^3+z^3$ の最大値・最小値と，そのときの x の値を求めよ。

練習 (演習) **230**　x, y, z は $x+y+z=2$, $xy+yz+zx=0$ を満たす実数とする。

(1)　x のとりうる値の範囲を求めよ。

(2)　$P=x^3+y^3+z^3$ の最大値・最小値と，そのときの x の値を求めよ。

演 習 例題 231

□ 解説動画

関数 $y=x^3(x-4)$ のグラフと異なる 2 点で接する直線の方程式を求めよ。

練習 (演習) **231**　曲線 C : $y=x^4-2x^3-3x^2$ と異なる 2 点で接する直線の方程式を求めよ。

演 習 例題 232

□ 

曲線 C: $y=x^3+3x^2+x$ と点 A$(1,\ a)$ がある。A を通って C に 3 本の接線が引けるとき，定数 a の値の範囲を求めよ。

練習 (演習) **232**　点 A$(0,\ a)$ から曲線 $C: y=x^3-9x^2+15x-7$ に 3 本の接線が引けるとき，定数 a の値の範囲を求めよ。

演習 例題 233

□ 

$f(x)=x^3-x$ とし，関数 $y=f(x)$ のグラフを曲線 C とする。点 $(u,\ v)$ を通る曲線 C の接線が 3 本存在するための $u,\ v$ の満たすべき条件を求めよ。また，その条件を満たす点 $(u,\ v)$ の存在範囲を図示せよ。

練習 (演習) **233**　$f(x)=-x^3+3x$ とし，関数 $y=f(x)$ のグラフを曲線 C とする。点 $(u,\ v)$ を通る曲線 C の接線が 3 本存在するための $u,\ v$ の満たすべき条件を求めよ。また，その条件を満たす点 $(u,\ v)$ の存在範囲を図示せよ。

演習 例題 234 □ 

a は定数とする。$x \geqq 0$ において，常に不等式 $x^3-3ax^2+4a>0$ が成り立つように a の値の範囲を定めよ。

練習 (演習) **234**　不等式 $3a^2x-x^3 \leqq 16$ が $x \geqq 0$ に対して常に成り立つような定数 a の値の範囲を求めよ。

39. 不定積分

基本 例題 235

□ 解説動画

次の不定積分を求めよ。ただし，(4) の x は t に無関係とする。

(1) $\int(8x^3+x^2-4x+2)dx$

(2) $\int(2t-1)(t+3)dt$

(3) $\int(x-1)^3dx-\int(x+1)^3dx$

(4) $\int(t-x)(2t+x)dt$

練習 (基本) **235** 次の不定積分を求めよ。ただし，(4) の x は t に無関係とする。

(1) $\int(4x^3+6x^2-2x+5)dx$

(2) $\int(x+2)(1-3x)dx$

(3) $\int x(x-1)(x+2)dx-\int (x^2-1)(x+2)dx$

(4) $\int (tx+1)(x+2t)dt$

基本 例題 236

□ 解説動画

次の不定積分を求めよ。

(1) $\int (3x+2)^4dx$

(2) $\int (x+2)^2(x-1)dx$

練習 (基本) **236** 次の不定積分を求めよ。

(1) $\int (4x-3)^6dx$

(2) $\int (x-3)^2(x+1)dx$

基本 例題 237

□ 解説動画

(1)　$f'(x)=3x^2-2x$，$f(2)=0$ を満たす関数 $f(x)$ を求めよ。

(2)　曲線 $y=f(x)$ が点 $(1,\ 0)$ を通り，更に点 $(x,\ f(x))$ における接線の傾きが x^2-1 であるとき，$f(x)$ を求めよ。

練習 (基本) **237**　(1)　$f'(x)=x^3-3x^2+x+2$，$f(-2)=7$ を満たす関数 $f(x)$ を求めよ。

(2)　a は定数とする。曲線 $y=f(x)$ 上の点 $(x,\ f(x))$ における接線の傾きが $6x^2+ax-1$ であり，曲線 $y=f(x)$ は 2 点 $(1,\ -1)$，$(2,\ -3)$ を通る。このとき，$f(x)$ を求めよ。

40. 定 積 分

基本 例題 238

次の定積分を求めよ。

(1) $\displaystyle\int_0^2 (x^3-3x^2-1)dx$

(2) $\displaystyle\int_{-1}^2 (3t-1)(t+1)dt$

(3) $\displaystyle\int_1^4 (x+1)^2dx-\int_1^4 (x-1)^2dx$

(4) $\displaystyle\int_{-2}^0 (3x^3+x^2)dx-\int_2^0 (3x^3+x^2)dx$

練習 (基本) **238**　次の定積分を求めよ。

(1) $\displaystyle\int_{-1}^{3}(x^2+1)(4x-1)dx$

(2) $\displaystyle\int_{-3}^{1}(x^3+1)dx-\int_{-3}^{1}(x^3-x^2)dx$

(3) $\displaystyle\int_{-3}^{1}(2t-1)(t-1)dt+\int_{0}^{1}(2t-1)(1-t)dt$

基本 例題 239

□ 解説動画

次の定積分を求めよ。

(1) $\int_{-2}^{2}(2x^3-x^2-3x+4)dx$　　(2) $\int_{-1}^{1}(3x-1)^2dx$

練習 (基本) **239**　次の定積分を求めよ。

(1) $\int_{-3}^{3}(2x+1)(x-1)(3x-2)dx$　　(2) $\int_{-2}^{2}(2x-5)^3dx$

基本 例題 240 □ 

(1) 等式 $\int_{\alpha}^{\beta}(x-\alpha)(x-\beta)dx=-\frac{1}{6}(\beta-\alpha)^3$ を証明せよ。

(2) 次の定積分を求めよ。

(ア) $\int_{2}^{3}(x-2)(x-3)dx$

(イ) $\int_{1-\sqrt{2}}^{1+\sqrt{2}}(x^2-2x-1)dx$

練習 (基本) **240**　次の定積分を求めよ。

(1) $\int_{-2}^{4}(x+2)(x-4)\,dx$

(2) $\int_{-1-\sqrt{5}}^{-1+\sqrt{5}}(2x^2+4x-8)\,dx$

(3) $\int_{1}^{2}(x-1)^3(x-2)\,dx$

基本 例題 241

□ 

次の等式を満たす関数 $f(x)$ を求めよ。

(1) $f(x)=6x^2-x+\int_{-1}^{1}f(t)\,dt$

(2) $f(x)=\int_{0}^{1}(x+t)f(t)\,dt+1$

練習 (基本) **241**　次の等式を満たす関数 $f(x)$ を求めよ。

(1)　$f(x)=x^2-1+\int_0^1 tf(t)\,dt$

(2)　$f(x)=x+\int_{-1}^1 (x-t)f(t)\,dt+3$

基本 例題 242

次の等式を満たす関数 $f(x)$ および定数 a の値を求めよ。

(1) $\displaystyle\int_a^x f(t)\,dt = x^2 - 3x - 4$

(2) $\displaystyle\int_x^a f(t)\,dt = x^3 - 3x$

練習 (基本) **242**　次の等式を満たす関数 $f(x)$ および定数 a の値を求めよ。

(1) $\displaystyle\int_a^x f(t)\,dt = 2x^2 - 9x + 4$

(2) $\displaystyle\int_x^a f(t)\,dt = -x^3 + 2x - 1$

基本 例題 243

□ 

関数 $f(x)=\int_{-2}^{x}(t^2+t-2)dt$ の極値を求めよ。

練習 (基本) **243**　関数 $f(x)=\int_{0}^{x}(t^2-2t-3)dt$ の極値を求めよ。

基本 例題 244

□ 

どんな 2 次関数 $f(x)$ に対しても $\int_0^1 f(x)\,dx=\frac{1}{2}\{f(\alpha)+f(\beta)\}$ が成立するような定数 α，β $(\alpha<\beta)$ の値を求めよ。

練習 (基本) **244**　すべての2次以下の整式 $f(x)=ax^2+bx+c$ に対して，$\int_{-k}^{k} f(x)dx=f(s)+f(t)$ が常に成り立つような定数 k，s，t の値を求めよ。ただし，$s<t$ とする。

41．面　積

基本 例題 245

□ 解説動画

次の曲線，直線と x 軸で囲まれた図形の面積 S を求めよ。

(1)　$y=x^2-3x-4$

(2)　$y=-x^2+2x$ $(x\leqq1)$，$x=-1$，$x=1$

練習 (基本) **245**　次の曲線，直線と x 軸で囲まれた図形の面積 S を求めよ。

(1)　$y=x^2+x-2$

(2)　$y=-2x^2-3x+2$

(3)　$y=x^2-4x-5$ $(x\leqq 4)$，$x=-2$，$x=4$

基本 例題 246

□ 

次の曲線や直線で囲まれた図形の面積 S を求めよ。

(1)　$y=x^2-x-1$，$y=x+2$

(2)　$y=x^2-2x$，$y=-x^2+x+2$

練習 (基本) **246**　次の曲線や直線で囲まれた図形の面積 S を求めよ。

(1)　$y=2x^2-3x+1$，$y=2x-1$

(2)　$y=2x^2-6x+4$，$y=-x^2+6x-5$

基本 例題 247

□ 

(1)　連立不等式 $y \geqq x^2$，$y \geqq 2-x$，$y \leqq x+6$ の表す領域を図示せよ。

(2)　(1) の領域の面積 S を求めよ。

練習 (基本) **247**　連立不等式 $2y-x^2 \geqq 0$, $5x-4y+7 \geqq 0$, $x+y-4 \leqq 0$ の表す領域の面積 S を求めよ。

基本 例題 248

□ 

放物線 $C: y=x^2-4x+3$ 上の点 $\mathrm{P}(0,\ 3)$，$\mathrm{Q}(6,\ 15)$ における接線を，それぞれ ℓ，m とする。この2つの接線と放物線で囲まれた図形の面積 S を求めよ。

練習 (基本) **248**　放物線 $y=-x^2+x$ と点 $(0,\ 0)$ における接線，点 $(2,\ -2)$ における接線により囲まれる図形の面積を求めよ。

重要 例題 249

□ 

2 つの放物線 C_1 : $y=x^2$，C_2 : $y=x^2-8x+8$ を考える。

(1)　C_1 と C_2 の両方に接する直線 ℓ の方程式を求めよ。

(2)　2 つの放物線 C_1，C_2 と直線 ℓ で囲まれた図形の面積 S を求めよ。

練習 (重要) **249**　2 曲線 $C_1 : y=\left(x-\frac{1}{2}\right)^2-\frac{1}{2}$，$C_2 : y=\left(x-\frac{5}{2}\right)^2-\frac{5}{2}$ の両方に接する直線を ℓ とする。

(1)　直線 ℓ の方程式を求めよ。

(2)　2 曲線 C_1，C_2 と直線 ℓ で囲まれた図形の面積 S を求めよ。

基本 例題 250

□ 解説動画

(1)　曲線 $y=x^3-2x^2-x+2$ と x 軸で囲まれた図形の面積 S を求めよ。

(2)　曲線 $y=x^3-4x$ と曲線 $y=3x^2$ で囲まれた図形の面積 S を求めよ。

練習 (基本) **250** (1) 曲線 $y=x^3-3x^2$ と x 軸で囲まれた図形の面積 S を求めよ。

(2) 曲線 $y=-x^3+5x^2-6x$ を C とする。C と x 軸で囲まれた図形の面積 S_1，および C と曲線 $y=-x^2+2x$ で囲まれた図形の面積 S_2 を求めよ。

基本 例題 251

□ 

曲線 $y=x^3-5x^2+2x+6$ とその曲線上の点 $(3,\ -6)$ における接線で囲まれた図形の面積 S を求めよ。

練習 (基本) **251**　曲線 $y=x^3-x$ と曲線上の点 $(-1,\ 0)$ における接線で囲まれた図形の面積 S を求めよ。

重 要 例題 252

□ 解説動画

曲線 $y=x^4+2x^3-3x^2$ を C, 直線 $y=4x-4$ を ℓ とする。

(1) 曲線 C と直線 ℓ は異なる 2 点で接することを示せ。

(2) 曲線 C と直線 ℓ で囲まれた図形の面積を求めよ。

練習 (重要) **252**　曲線 $y=-x^4+4x^3+2x^2-3x$ を C, 直線 $y=9(x+1)$ を ℓ とする。

(1)　曲線 C と直線 ℓ は異なる 2 点で接することを示せ。

(2)　曲線 C と直線 ℓ で囲まれた図形の面積を求めよ。

基本 例題 253

放物線 $L: y=x^2$ と点 $\mathrm{R}\left(0,\ \dfrac{5}{4}\right)$ を中心とする円 C が異なる 2 点で接するとき

(1) 2 つの接点の座標を求めよ。

(2) 2 つの接点を両端とする円 C の短い方の弧と L とで囲まれる図形の面積 S を求めよ。

練習 (基本) **253**　放物線 C：$y=\frac{1}{2}x^2$ 上に点 $\mathrm{P}\left(1,\ \frac{1}{2}\right)$ をとる。x 軸上に中心 A をもち点 P で放物線に接する円と x 軸との交点のうち原点に近い方を B とするとき，円弧 BP(短い方) と放物線 C および x 軸で囲まれた部分の面積を求めよ。

基本 例題 254

□ 

放物線 $y=-x(x-2)$ と x 軸で囲まれた図形の面積が，直線 $y=ax$ によって 2 等分されるとき，定数 a の値を求めよ。ただし，$0<a<2$ とする。

練習 (基本) **254**　放物線 $y=x(3-x)$ と x 軸で囲まれた図形の面積を，直線 $y=ax$ が 2 等分するとき，定数 a の値を求めよ。ただし，$0<a<3$ とする。

基本 例題 255

□ 解説動画

点 (1，2) を通る直線と放物線 $y=x^2$ で囲まれる図形の面積を S とする。S の最小値を求めよ。

練習 (基本) **255**　m は定数とする。放物線 $y=f(x)$ は原点を通り，点 $(x,\ f(x))$ における接線の傾きが $2x+m$ であるという。放物線 $y=f(x)$ と放物線 $y=-x^2+4x+5$ で囲まれる図形の面積を S とする。S の最小値を求めよ。

重 要 例題 256 □ 

a を正の実数とし，点 $\mathrm{A}\left(0,\ a+\dfrac{1}{2a}\right)$ と曲線 $C: y=ax^2$ および C 上の点 $\mathrm{P}(1,\ a)$ を考える。曲線 C と y 軸，および線分 AP で囲まれる図形の面積を $S(a)$ とするとき，$S(a)$ の最小値と，そのときの a の値を求めよ。

練習 (重要) **256**　t は正の実数とする。xy 平面上に 2 点 $\mathrm{P}(t,\ t^2)$，$\mathrm{Q}(-t,\ t^2+1)$ および放物線 $C:y=x^2$ がある。直線 PQ と C で囲まれる図形の面積を $f(t)$ とするとき，$f(t)$ の最小値を求めよ。

重 要 例題 257 □ 

曲線 $y=x^3-6x^2+9x$ と直線 $y=mx$ で囲まれた 2 つの図形の面積が等しくなるような定数 m の値を求めよ。ただし，$0<m<9$ とする。

練習 (重要) **257**　曲線 $y=x^3+2x^2$ と直線 $y=mx$ $(m<0)$ は異なる 3 点で交わるとする。この曲線と直線で囲まれた 2 つの図形の面積が等しくなるような定数 m の値を求めよ。

基本 例題 258

□ 解説動画

(1) $\int_1^4 |x-2|\,dx$ を求めよ。

(2) $\int_0^2 |x^2+x-2|\,dx$ を求めよ。

練習 (基本) **258**　次の定積分を求めよ。

(1)　$\int_0^3 |x^2-3x+2|dx$

(2)　$\int_{-3}^4 (|x^2-4|-x^2+2)dx$

重 要 例題 259

$f(t)=\int_0^1|x^2-tx|dx$ とする。$f(t)$ の最小値と，最小値を与える t の値を求めよ。

練習 (重要) **259**　t が区間 $-\dfrac{1}{2} \leqq t \leqq 2$ を動くとき，$F(t)=\displaystyle\int_0^1 x|x-t|dx$ の最大値と最小値を求めよ。

重要 例題 260 □ 

曲線 $y=|x^2-x|$ と直線 $y=mx$ が異なる 3 つの共有点をもつとき，この曲線と直線で囲まれた 2 つの部分の面積の和 S が最小になるような m の値を求めよ。

練習 (重要) **260**　実数 a は $0<a<4$ を満たすとする。xy 平面の直線 $\ell: y=ax$ と曲線

$$C: y=\begin{cases} -x^2+4x & (x<4 \text{ のとき}) \\ 9a(x-4) & (x \geqq 4 \text{ のとき}) \end{cases}$$

を考える。C と ℓ で囲まれた 2 つの図形の面積の和を $S(a)$ とする。

(1)　C と ℓ の交点の座標を求めよ。

(2)　$S(a)$ を求めよ。

(3)　$S(a)$ の最小値を求めよ。

重要 例題 261 □ 

(1) 曲線 $x=-y^2+2y-2$，y 軸，2 直線 $y=-1$，$y=2$ で囲まれた図形の面積 S を求めよ。

(2) 曲線 $x=y^2-3y$ と直線 $y=x$ で囲まれた図形の面積 S を求めよ。

練習 (重要) **261**　次の曲線や直線で囲まれた図形の面積 S を求めよ。

(1)　$x=y^2-4y+6$，y 軸，$y=-1$，$y=3$

(2)　$x=9-y^2$，$y=2x-3$

４２．発展　体　　積

演習 例題 262

□ 解説動画

(1)　右の図のように，2 点 P$(x,\ 0)$，Q$(x,\ 1-x^2)$ を結ぶ線分を 1 辺とする正方形を，x 軸に垂直な平面上に作る。P が x 軸上を原点 O から点 $(1,\ 0)$ まで動くとき，この正方形が描く立体の体積を求めよ。

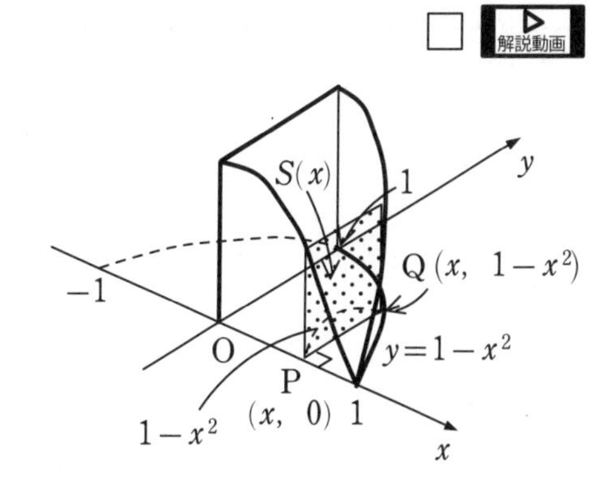

(2)　曲線 $y=x^2+2$ と x 軸および 2 直線 $x=1$，$x=3$ で囲まれた部分を x 軸の周りに 1 回転してできる回転体の体積を求めよ。

練習（演習）**262**　(1)　2 点 P$(x,\ 0)$，Q$(x,\ 4-x^2)$ を結ぶ線分を 1 辺とする正三角形を，x 軸に垂直な平面上に作る。P が x 軸上を原点 O から点 $(2,\ 0)$ まで動くとき，この正三角形が描く立体の体積を求めよ。

(2)　曲線 $y=-2x^2-1$ と x 軸，および 2 直線 $x=-1$，$x=2$ で囲まれた部分を x 軸の周りに 1 回転してできる立体の体積を求めよ。